Blandine Thomas

Pimp my SNEAKERS

Einzigartig und kreativ selbst gestalten

EINLEITUNG

In den letzten Jahrzehnten haben sich Turnschuhe als zeitlose und unverzichtbare Stücke in unserer Garderobe etabliert. Ursprünglich waren sie speziell für den Sport gedacht, heute werden Sneakers überall und zu fast jeder Gelegenheit mit Stolz getragen: lässig im Streetstyle oder um sich schick zu machen, bei der Arbeit oder zu Hause, zu Jeans oder zu einem Kleid – alles ist möglich!

Vermutlich hast auch du mehr als ein Paar der bequemen Stücke in deinem Schuhschrank. Aber wie du vielleicht schon bemerkt hast, können wir mit Sneakers zwar Komfort und einen stylishen Look kombinieren, aber es ist schwierig, sich von der Masse abzuheben, da so viele Leute die gleichen klassisch einfarbigen Modelle tragen. Warum sich also nicht die Zeit nehmen, um seine Schuhe nach den persönlichen Vorstellungen umzugestalten?

Mit diesem Buch möchte ich zeigen, dass das Individualisieren von Sneakers für alle möglich ist, egal, ob man besonderes künstlerisches Talent besitzt oder nicht! Ich hatte viel Spaß dabei, verschiedene Modelle mit unterschiedlichen Designs zu verzieren, um zu inspirieren – die Gestaltung kann aber natürlich ganz nach Lust und Laune abgewandelt werden. Farbe, Stoff, Strasssteine, Pailletten ... da ist für jeden Geschmack etwas dabei. Ob du nun ein neues Paar als Geschenk aufhübschen oder ein altes Paar für dich selbst aufpimpen möchtest – in diesem Buch findest du zahlreiche Ideen und praktische Anleitungen, um gleich loszulegen.

Sneakers eigenhändig umzugestalten, bedeutet, ihnen eine neue Dimension zu verleihen. Man verwöhnt sie, man widmet sich ihnen, man pflegt sie und sie tragen einen überallhin. Also lege deine Lieblingsmusik auf, stelle deine Pinsel bereit, genieße diesen Moment der Entspannung – und lasse einzigartige Kunstwerke entstehen!

Blanche

INHALT

ABBILDUNGEN DER PROJEKTE 6–27

MATERIALIEN UND TECHNIKEN 28–43

ANLEITUNGEN FÜR DIE PROJEKTE 44–72

VORLAGEN 73–77

Witzige Icons (Seite 60)

Kraft der Worte (Seite 71)

Sweet Summer (Seite 53)

Farb-Cartoon (Seite 56)

Pastell-Töne (Seite 62)

Natur pur (Seite 63)

Pop-Art (Seite 52)

Harmonische Eleganz (Seite 70)

Wie der Vater, so der Sohn (Seite 50)

Hab dich lieb (Seite 47)

Zebra, Panther und Co (Seite 66)

Schwarz-Weiß-Cartoon (Seite 49)

Tropfen-Look (Seite 48)

Urwald (Seite 54)

Marmor-Look (Seite 55)

Blätter und Blüten (Seite72)

Beschwingt durch den Tag (Seite 69)

Goldstücke (Seite 57)

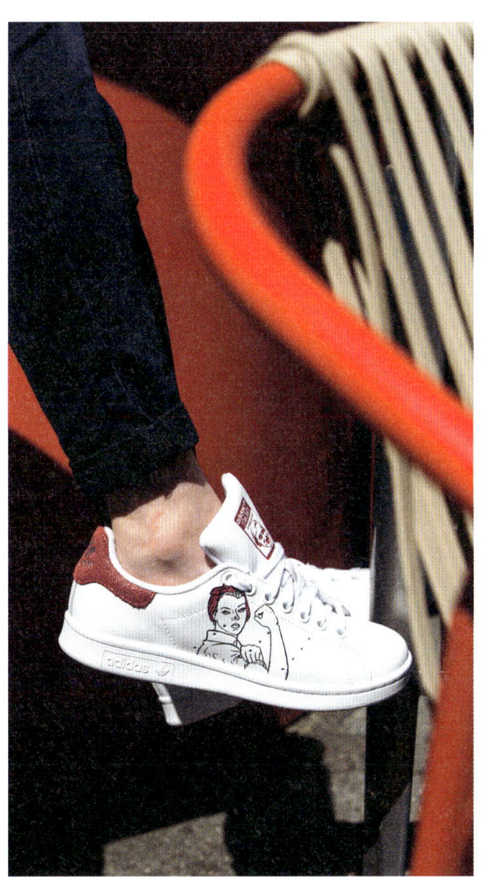

Girl Power (Seite 67)

80er-Jahre (64)

Zeichentrick-Helden (Seite 45)

Bandana (Seite 54)

Gute Reise (Seite 61)

Spritzige Sprenkel (Seite 65)

Flatternde Fahne (Seite 59)

Just Married (Seite 46)

Just Married (Seite 46)

Holz-Effekt (Seite 51)

Verbundenheit (Seite 58)

Welcome Baby (Seite 44)

Urban Jungle (Seite 68)

MATERIALIEN UND TECHNIKEN

DIE SPEZIELLEN LEDERFARBEN

Die Acrylic Leather Paints der amerikanischen Marke Angelus wurden speziell für Leder entwickelt und werden von den meisten Profis beim Bemalen von Sneakers eingesetzt. Eine hochwertige Lederfarbe ist die Grundlage für eine dauerhafte, rissfreie und witterungsbeständige Gestaltung auf deinen Turnschuhen. Die Angelus-Lederfarben enthalten Silikon, das sie geschmeidig macht, und ein Finisher sorgt dafür, dass die Farben länger schön bleiben. Die Angelus-Farbpalette umfasst über 50 Farbtöne, man kann die Farben aber auch mischen, um einen bestimmten Farbton zu erhalten.

Von derselben Marke gibt es auch Effektfarben wie Metallic, Neon, Pearlescent und Glitterlites:

METALLIC-FARBEN Mit ihnen lassen sich metallisch schimmernde Effekte erzielen.

NEON-FARBEN Sie haben einen fluoreszierenden Effekt und können sich je nach Projekt als tolle Hingucker erweisen.

TIPP Wenn du besonders leuchtende Farbtöne möchtest, die nicht mit jeder aufgetragenen Schicht dunkler werden, gib ein paar Tropfen einer Neon-Farbe hinzu, die deiner Ausgangsfarbe ähnelt. Das Ergebnis ist top!

PEARLESCENT-FARBEN Perlglanzfarben besitzen einen wundervoll funkelnden Schimmer.

GLITTERLITES-FARBEN Mit Glitzerfarben kannst du deine Designs mit funklenden Akzenten verzieren. Bemale das Leder zunächst mit einer Standard-Lederfarbe, die vom Farbton her der Glitzerfarbe ähnelt, dann trage die Glitzerfarbe auf.

DIE WICHTIGSTEN FARBTÖNE

Wenn es ans Einkaufen von Farbe geht, ist es immer schwierig zu wissen, welche Töne man wählen soll, um möglichst gut aufgestellt zu sein, ohne allzu viel Geld auszugeben. Hier die Grundausstattung, die du unbedingt haben solltest:

WEISS UND SCHWARZ Dies sind die beiden unverzichtbaren Basics. Mit ihnen kannst du Konturen ziehen, aber auch kleine Fehler ausgleichen sowie Farben aufhellen oder abdunkeln.

DIE PRIMÄRFARBEN Rot, Blau und Gelb sind wichtige Grundfarben, aus denen du durch Mischen eine breite Palette von Farbtönen herstellen kannst.

GRÜN Grün ist eine wichtige Farbe, wenn du pflanzliche Elemente gestalten willst. Lege dir mindestens ein schönes, natürlich wirkendes Grün zu, wie etwa *Avocado* oder das klassische *Green*, um es als Basis für Mischungen zu nutzen.

HAUTTÖNE Um Gesichter oder Körperteile zu malen, besorge dir *Beige, Georgia Peach* oder *Salmon*. Diese Farben sind eine sehr gute Grundlage, um einen realistisch wirkenden Hautton anzumischen.

BRAUN Diese Farbe ist überall zu finden, also ist es praktisch, ein Glas davon zur Hand zu haben, wie etwa *Saddle*, *Brown* oder *Chocolate*.

HILFSMITTEL UND MALWERKZEUGE

KLEBEBAND Um gerade Kanten zu erzielen, einen Bereich abzudecken, den du nicht bemalen möchtest, oder um die Sohle zu schützen, ist wieder ablösbares Klebeband nützlich.

ACETON UND WATTE Unerlässlich, um das Leder vorzubehandeln. Bevorzuge hochwertige Babywatte oder Abschminkpads, um Fussel auf den Schuhen zu vermeiden. Zum Abbeizen kannst du herkömmliches Aceton oder den Leather Preparer der Marke Angelus benutzen.

CUTTER ODER PRÄZISIONSMESSER Praktisch, um aus Klebeband geschnittene Schablonen zu erstellen oder um Applikationen vom Schuh abzutrennen, z. B. Logos. (Seite 35)

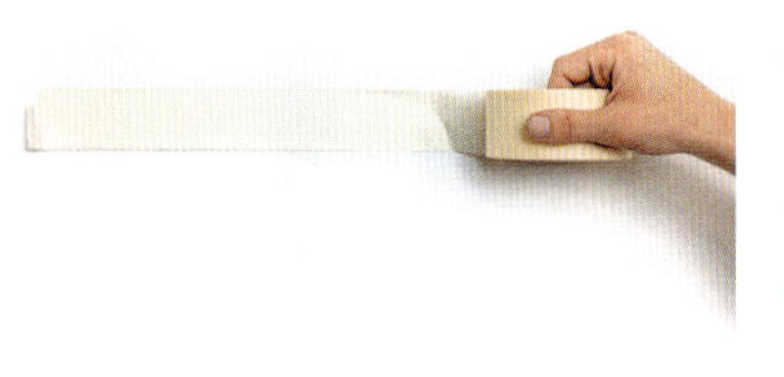

FINISHER Er ist sehr wichtig für den Schutz deines Designs, da dein Kunstwerk ansonsten schnell beschädigt werden könnte. Wähle den Schutzlack optional in matt oder glänzend sowie entweder aus der Sprühdose oder aus dem Glas zum Auftragen mit dem Pinsel.

MALPALETTE Damit die Farbe nicht austrocknet, wenn das Farbglas zu lange offen bleibt, gib bei der Verwendung einer Farbe nur eine kleine Menge auf die Palette und schließe das Glas.

PINSEL Wähle Pinsel mit synthetischen Borsten, die einfach zu reinigen und widerstandsfähig sind. Breitere Flachpinsel eignen sich für größere Flächen und zum Auftragen von Finisher, feinere Rundpinsel für Linien und Details.

PINZETTE Um kleine Fäden nach dem Abtrennen von Applikationen zu entfernen und Strasssteine und Co. anzubringen.

VERSCHLIESSBARE MISCHTIEGELCHEN Damit die Farbtöne, die du anmischst, nicht zu schnell auf der Palette austrocknen, mische die Farben in kleinen, verschließbaren Glastiegelchen.

VERDÜNNER Du kannst die Angelus-Lederfarben verdünnen, um sie an das jeweilige Material oder an deine Bedürfnisse anzupassen. Du kannst Wasser verwenden, es gibt aber auch spezielle Angelus-Verdünner, um mit den Farben auf Stoff zu malen, um eine mattere Optik zu erzielen, um angetrocknete Farbe anzulösen oder um die Farbe verflüssigt mit der Airbrush-Pistole aufzutragen.

GRUNDANLEITUNG ZUM MALEN AUF LEDER

Es ist wichtig, keinen Schritt auszulassen und sie alle in der richtigen Reihenfolge zu befolgen, damit die Farbe gut haftet und dein Design lange hält.

DAS ABBEIZEN Damit die Farbe auf dem Leder haftet, ist es unerlässlich, das Leder vorab abzubeizen und so die Versiegelung zu entfernen. Andernfalls würde die Farbe schnell wieder abblättern. Du kannst hierfür Folgendes verwenden: Aceton oder den weniger aggressiven Leather Preparer & Deglazer von Angelus. Gib etwas davon auf Watte und reibe damit sanft über die zu bemalende Fläche. Achtung: Teste immer erst auf einer kleinen Stelle, bevor du so richtig loslegst, denn dieser Schritt kann bei manchen Modellen das Leder beschädigen.

DAS ANMISCHEN DER FARBEN Mische den gewünschten Farbton zunächst in einem kleinen Tiegelchen an und gib dann nur jeweils eine winzige Menge davon auf deine Palette. Trage dann mit dem Pinsel mehrere hauchdünne Farbschichten auf (je nach Farbe zwischen drei und acht). Das Auftragen in mehreren Schichten sorgt nicht nur dafür, dass dein Design besser hält, sondern verhindert auch, dass einzelne Pinselstriche sichtbar sind. Die Faustregel: Trage immer dünne Schichten auf und warte jeweils, bis die Farbschicht vollständig getrocknet ist, bevor du eine weitere aufträgst. Wenn das Ergebnis streifenfrei und deckend aussieht, ist es fertig.

DIE NACHBEHANDLUNG Nach dem Vermalen muss die Farbe vollständig trocknen. Lasse die Schuhe über Nacht stehen und überprüfe dann dein Werk: Wie gut hält die Farbe? Ist das Design frei von Mängeln (kleinen Flecken, sichtbaren Pinselstrichen ...)? Wenn du mit dem Ergebnis zufrieden bist, entferne vorsichtig kleine Staubpartikel, die sich auf den Schuhen abgesetzt haben, bevor du im nächsten Schritt den Finisher aufbringst.

TIPP Um sicherzugehen, dass dein Design gut hält, kratze mit dem Fingernagel über die Farbe, nachdem sie getrocknet ist, bevor du den Finisher aufträgst. Wenn das Design abbröckelt oder sich ablöst, wurde die Vorbehandlung nicht richtig durchgeführt, die Farbschichten wurden zu dick aufgetragen oder es wurde zu viel Wasser verwendet. In diesem Fall befeuchte Watte mit Aceton oder Leather Preparer & Deglazer und wische deine Malerei ab, dann wiederhole alle Schritte. Das ist mühsam, aber notwendig, wenn dein Werk später halten soll.

DEN FINISHER AUFBRINGEN Jetzt musst du dein Werk nur noch schützen. Dieser Schritt ist unerlässlich, um sicherzustellen, dass die Farbe gut hält und deine Sneakers vor Kratzern und Abnutzung geschützt sind. Wenn du einen flüssigen Finisher aus dem Glas verwendest, tragen ihn in zwei oder drei Schichten mit einem breiteren Flachpinsel auf und lasse die einzelnen Schichten immer vollständig trocknen. Wenn du einen Finisher in Sprühform verwendest, reicht eine einzige Schicht. Du kannst auch noch ein Imprägniermittel auftragen, um deine Sneakers zusätzlich zu schützen.

DIE MALWERKZEUGE REINIGEN Da die Angelus-Farbe recht dickflüssig ist, solltest du die Pinsel nach dem Auftragen einer Farbschicht immer sofort mit Seifenwasser reinigen, bevor die Farbe getrocknet ist. Lasse die gereinigten Pinsel immer flach liegend trocknen und vor allem nicht mit der Spitze nach oben in einem Glas, da dies die Klebung beeinflussen würde, wodurch sich die Borsten aus der Fassung lösen.

GRUNDANLEITUNG ZUM MALEN AUF STOFF

Auch Sneakers aus Stoff können bemalt werden! Die Technik ist etwas anders, denn im Gegensatz zu Leder ist die Stoffoberfläche nicht glatt und saugt die Farbe auf, wodurch das Gemalte weniger präzise aussieht. Die einzelnen Malschritte bleiben jedoch gleich.

1 Es gibt Textilfarben, die speziell für das Malen auf Stoff geeignet sind. Du musst jedoch nicht alle deine Farben austauschen, um von Leder auf Stoff umzusteigen. Wenn du Lederfarben der Marke Angelus gekauft hast, kannst du diese mit dem Verdünner Angelus 2-Soft Fabric verflüssigen, damit die Farbe in die Fasern eindringen kann und gut auf dem Stoff haftet.

2 Um schwarze Sneakers zu bemalen, übertrage die Vorlagen und male sie zur Grundierung mit weißer Farbe aus. Für ein sauberes Ergebnis sind mehrere Schichten Weiß erforderlich.

3 Gehe dann zum Schritt der Farbgebung über. Wie beim Malen auf Leder ist es wichtig, viele dünne Schichten aufzutragen (je nach Farbe zwischen drei bis acht). Das Auftragen in mehreren Schichten sorgt dafür, dass die Farbe gut haftet und keine Pinselstriche sichtbar sind.

4 Anschließend musst du das getrocknete Design dann einige Minuten mit einem Föhn erhitzen, um die Textilfarben zu fixieren. Die Herstellerangaben der Farben, die du gewählt hast, erklären, wie es genau funktioniert. Wenn du Lederfarbe und 2-Soft-Verdünner von Angelus verwendet hast, musst du dein Design mit dem Föhn bei etwa 150 °C für 3–5 Minuten fixieren.

LOGOS UND APPLIKATIONEN ABLÖSEN

Schneide die Stiche der Logo-Naht nacheinander vorsichtig mit der Spitze eines Cutters oder Präzisionsmessers durch. Bei einem Logo, unter das du Stoff kleben willst, entferne nur den entsprechenden Teil.

Entferne die kleinen abstehenden Fadenenden mit einer Pinzette.

STOFF ANBRINGEN

Zunächst muss eine Schablone aus Klebeband angefertigt werden. Fixiere Klebeband auf dem Teil des Schuhs, den der Stoff bedecken soll. Drücke die Kanten des Klebebandes an die Nähte des Schuhs und übertrage mit einem Bleistift die Umrisse auf das Klebeband. Ziehe das Klebeband vom Schuh ab und schneide die Form entlang der Umrisslinie aus. Schneide dann mithilfe der Schablone das Stoffteil aus und klebe es mit Textilkleber passgenau auf.

Falls du das zum Teil abgelöste Logo wieder fixieren möchtest, klebe, sobald der Stoff verklebt ist, den losen Teil des Lederlogos auf den Stoff. Drücke es kräftig an und lasse alles gut trocknen.

MOTIVE ÜBERTRAGEN

❶ Pause das gewählte Motiv ab und wende es (oder drucke es spiegelverkehrt aus). Es ist sehr wichtig, das Motiv zu spiegeln, damit es dann zuletzt richtig auf dem Schuh sitzt. Lege dann ein Blatt Transparentpapier auf das spiegelverkehrte Motiv und zeichne die Konturen mit Bleistift nach.

❷ Lege das Transparentpapier mit der Bleistiftzeichnung dann an der gewünschten Stelle kopfüber auf den Schuh. Reibe über die Zeichnung, damit sich der Grafit als zarter Schatten auf den Schuh überträgt. Diese Technik des Übertragens ist bei Leder und Stoff gleich.

TIPP Wenn möglich, zeichne nicht direkt mit der Bleistiftmine auf den Schuh, damit du nicht zu viel Grafit aufträgst.

MOTIVE MIT FARBE AUFMALEN

❶ Übertrage die Vorlage wie oben erklärt auf den abgebeizten Schuh. Dann nimm einen feinen Pinsel und eine für den Schuh geeignete Farbe.

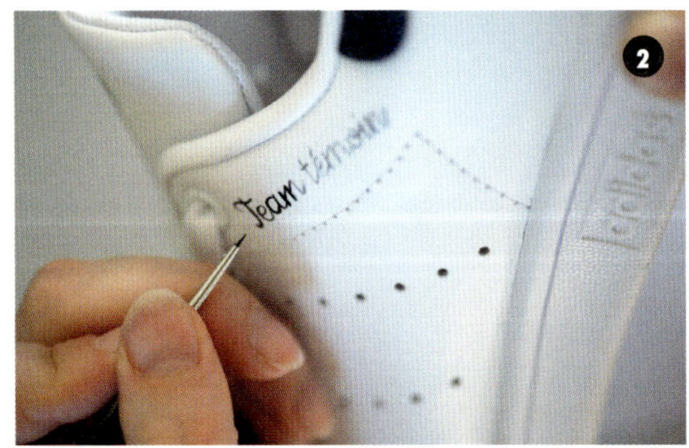

❷ Zeichne das Muster mit dem feinen Pinsel nach. Sobald die Farbe getrocknet ist, radiere alle Bleistiftspuren weg. Wenn dabei etwas Farbe abblättert, ist das okay. Die nächsten Schichten werden die Form des Motivs und die Haltbarkeit der Farbe wieder verbessern.

TRÖPFCHEN-TECHNIK

Je nachdem, welche Art von Optik du erzielen möchtest, werden unterschiedliche Werkzeuge verwendet, aber in jedem Fall solltest du die Arbeitsfläche und den Boden weiträumig und sorgfältig abdecken. Für kleine Spritzer verwende eine Zahnbürste: Tauche sie in die Farbe, positioniere sie über den Schuhen und streiche mit einem Finger über die Borsten. Größere Sprenkel erzielst du mit einem Spritzpinsel mit festen Nylonfaser-Borsten: Tauche ihn in die Farbe und schüttele ihn kräftig über den Sneakers.

BEREICHE ABKLEBEN

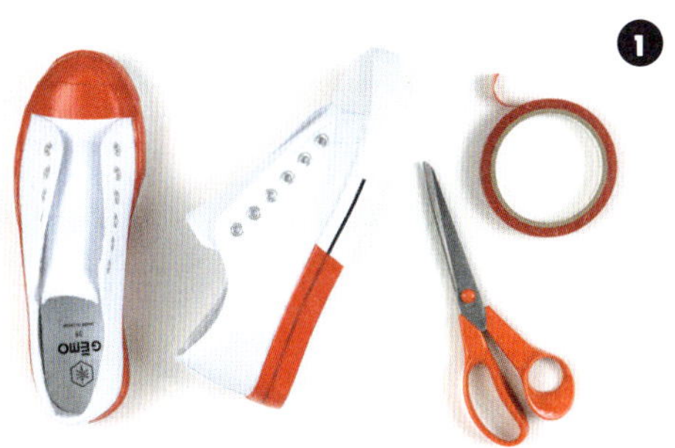

1 Das Abkleben mit einem wieder ablösbaren Klebeband schützt die Bereiche vor Farbe, die nicht bemalt werden sollen. Das Klebeband hilft auch, gerade Linien oder saubere geometrische Figuren zu erzeugen. Herkömmliche wieder ablösbare Abdeckbänder aus dem Baumarkt sind gut geeignet.

2 Es gibt zwei Arten von Klebebändern:

- Wasserfeste Klebebänder, die sich z. B. hervorragend zum Schutz von Schuhsohlen eignen.
- Malerkrepp-Klebebänder, die einfacher zu verwenden sind, wenn du Rundungen kleben musst, um bestimmten Formen des Schuhs zu folgen.

MARMORIER-EFFEKTE AUF STOFF ERZIELEN

1. Klebe die Bereiche des Schuhs, die keine Farbe abbekommen sollen, mit wasserfestem, aber wieder ablösbarem Klebeband ab.

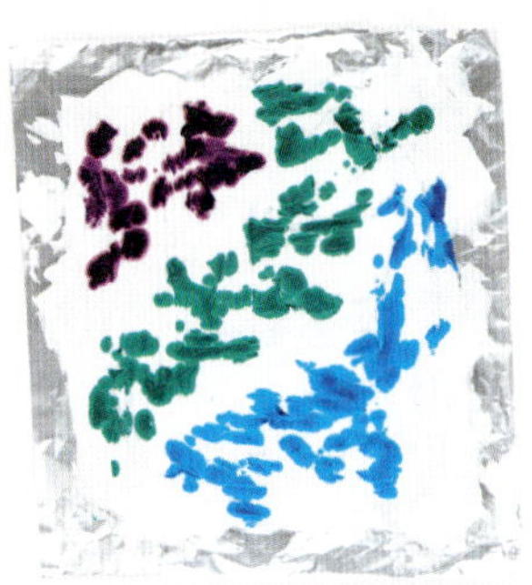

2. Verteile Rasierschaum auf Alufolie. Gib einige Tropfen Lederfarbe in den gewünschten Farbtönen darauf (es ist wichtig, dass du Handschuhe trägst, da die Farbe die Haut verfärbt).

3. Vermische Farben und Schaum mit einem Holzstäbchen und gestalte die Effekte, die dir gefallen. Füge bei Bedarf mehr Schaum hinzu, um die Farben aufzuhellen oder Abgrenzungen zu schaffen. Du kannst das Muster vorher auf einem Stück weißem Stoff testen, um zu sehen, wie es aussieht. Lege den Schuh mit den einzufärbenden Seiten nach unten auf die eingefärbte Schaumschicht: Die Farbe zieht sofort ein.

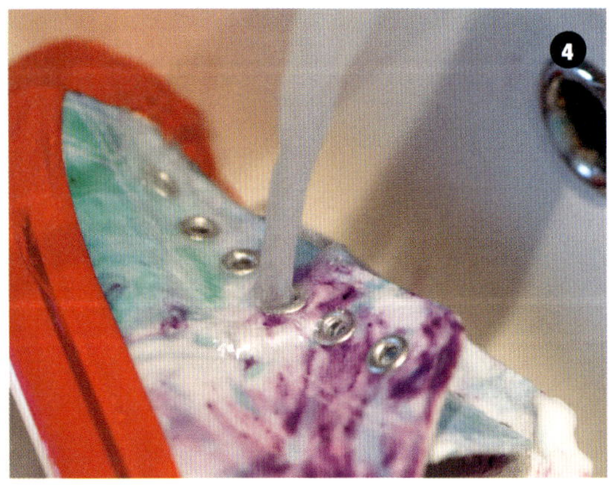

4. Sobald beide Schuhe nach Wunsch mit dem farbigen Schaum durchtränkt sind, lasse sie trocknen. Dann spüle sie mit klarem Wasser ab und lasse sie erneut trocknen.

STRASSSTEINE ANBRINGEN

Es gibt einfache Strasssteine und solche, die mit Hitze verklebt werden. Letztere halten besser, aber die Zugabe von Klebstoff ist trotzdem ratsam. Trage den Kleber mit einem flachen Pinsel nach und nach direkt auf das Leder auf, wenn du einen ganzen Bereich mit Strasssteinen füllen möchtest. Andernfalls gib etwas Kleber direkt unter jeden Strassstein.

Ordne die Steine mit einer Pinzette an. Wenn du dich für aufbügelbare Strasssteine entschieden hast, musst du diese jetzt nur noch erhitzen, um den Kleber zu aktivieren. Verwende dazu ein Mini-Bügeleisen (oder ein herkömmliches Bügeleisen). Nachdem du ein Blatt Backpapier über die Strasssteine gelegt hast, halte das Bügeleisen einige Sekunden lang auf dem Papier in Position und achte darauf, dass es den Schuh nicht direkt berührt.

GLITZER AUFTRAGEN

Male zunächst die zu schmückende Fläche in einer Farbe an, die dem Glitzer ähnelt, der aufgetragen werden soll. Sobald die Farbe gut getrocknet ist, kannst du mit dem Aufbringen des Glitzers fortfahren. Es gibt spezielle Glitzerfarben (z.B. Glitterlites von Angelus) für Leder, die du direkt auftragen kannst. Wenn du diese jedoch nicht zur Verfügung hast, kannst du auch Glitzerpulver mit neutraler Lederfarbe mischen. Wähle feines Glitzerpulver, damit es auf deinem Design gut hält, und trage die Mischung mit einem kleinen Flachpinsel auf. Es sind mehrere Schichten erforderlich. Um den Glitzer nach dem Trocknen gut zu fixieren, verwende einen glänzenden Sprühlack, der den Glitzereffekt besonders gut erhält.

FOTOS ÜBERTRAGEN

Wähle ein Foto (oder Bild) aus und drucke es dann spiegelverkehrt und in der gewünschten Größe aus. Zeichne die Umrisse des Motivs mit einem schwarzen Filzstift nach. Sobald die Filzstiftfarbe gut getrocknet ist, lege Transparentpapier darüber, zeichne die Konturen mit Bleistift nach und übertrage den Grafitstrich dann auf deine Schuhe.

TIPP Wenn du ein digitales Zeichentablet besitzt, kannst du die Umrisse der Zeichnung auch am Computer nachzeichnen.

DIE LETZTEN FRAGEN

MUSS ICH DEN LACK AUF DEN GESAMTEN SCHUH AUFTRAGEN? Auch wenn der Finisher in erster Linie dazu dient, dein Design zu schützen, ist es oft notwendig, ihn auf den gesamten von dir angepassten Teil aufzutragen, um den Schuh zu schützen (da du den Originalschutz abgebeizt hast) und um eine gleichmäßige Optik zu erzielen (Finisher können mehr oder weniger glänzend sein).

WIE BEMALT MAN EIN SCHWARZES PAAR? Bevor du farbig auf Schwarz malst, musst du unbedingt eine weiße Grundierung auftragen. Trage mehrere Schichten auf, bis du eine gleichmäßige Basis erzeugt hast.

KANN MAN AUF EINER SOHLE MALEN? Es ist nicht möglich, die Angelus-Lederfarbe zum Bemalen von Schuhsohlen zu verwenden, da sie auf diesem stark belasteten Schuhteil nicht hält. Es ist jedoch möglich, die Seite der Sohlen mit dem Preparer & Deglazer der Marke Angelus abzubeizen und dann Farbe aufzubringen. Diese Technik wird vor allem verwendet, um die erhabene Schrift, die sich auf der Außenkante der Sohle befindet, zu färben. Ein Einfärben ist also möglich, aber es lässt sich kein Muster anbringen, sondern lediglich eine Farbänderung erzielen.

FEHLER KORRIGIEREN

DER GRAFIT VOM BLEISTIFT IST NOCH UNTER DER FARBE SICHTBAR. WIE KANN ICH IHN ENTFERNEN? Wenn du mit einer hellen Farbe über die Bleistiftspuren malst, deckt sie das Grau nicht ausreichend ab, sodass es sichtbar bleibt. Entferne daher den Grafit nach Auftragen der ersten Farbschicht so gut wie möglich, bevor du weitere Farbe aufträgst. Oder decke ihn mit Schichten Weiß ab, bevor du Farbe aufbringst.

ICH HABE MICH VERMALT. WAS KANN ICH TUN? Wenn der unerwünschte Strich außerhalb deines Kunstwerkes sitzt, verwende einfach ein Wattestäbchen mit Aceton, um ihn abzuwischen. Verwende diese Technik aber nicht, wenn der Fehler direkt an dein Design grenzt, denn das Aceton könnte deine Gestaltung verschmieren und die Farben aufhellen. In diesem Fall solltest du lieber mehrere Schichten Weiß auf den ungewollten Strich auftragen und gut trocknen lassen.

KANN ICH MEIN DESIGN KOMPLETT ENTFERNEN? Mit Watte und etwas Aceton kannst du einen Großteil der Farbe entfernen, aber es bleiben meistens kleine Spuren zurück. Wenn du also dein Kunstwerk komplett entfernst, solltest du ein neues darüber malen. Verwende nicht zu viel Aceton, um das Leder zu schonen.

WARUM HÄLT DIE FARBE NICHT RICHTIG? Selbst vor dem Auftragen des Finishers sollte die getrocknete Farbe perfekt halten, wenn du mit dem Fingernagel darüber kratzt. Falls dem nicht so ist, haftet die Farbe nicht aus-reichend am Leder: Entweder hast du das Leder nicht intensiv genug abgebeizt, deine Farbe war noch nicht vollständig getrocknet oder du hast sie in zu dicken Schichten aufgetragen.

WARUM VERBLASST DAS DESIGN? Wenn du jeden Schritt der Anleitungen genau befolgst und die richtigen Farben und Hilfsmittel verwendest, sollten die Farben nicht verblassen. Allerdings kann sich das Untergrundmaterial selbst mit der Zeit verändern, da einige Teile der Schuhe empfindlicher sind als andere.

REINIGEN UND PFLEGEN

WIE REINIGE UND PFLEGE ICH MEINE SNEAKERS? Ein selbst gestalteter Turnschuh kann problemlos gereinigt werden. Um Alltagsschmutz oder Staub abzulösen, genügt lauwarmes Wasser auf einem weichen Tuch. Du kannst auch spezielle Sneaker-Reinigungstücher verwenden.

Für eine gründlichere Reinigung verwende am besten einen Schaumreiniger mit einem Mikrofasertuch oder einer weichen Schuhbürste. Du kannst ohne Bedenken mit der Bürste über die Farbe streichen, das Design wird standhalten. Wasche deine selbst bemalten Sneakers aber niemals in der Waschmaschine.

MUSS ICH MEINE SNEAKERS IMPRÄGNIEREN? Wenn du deine Schuhe gut mit Finisher lackiert hast, sind die Farben fixiert. Es ist aber ratsam, die Sneakers zusätzlich zu imprägnieren, um sie vor Nässe und Schmutz zu schützen.

DIE ZEHN GOLDENEN REGELN

1

Verwende spezielle Farben, die für Leder geeignet sind: Eine herkömmliche Acrylfarbe wird nicht gut haften und kann deine Schuhe beschädigen.

2

Du solltest lederne Schuhe immer vorab abbeizen, da die Farbe ansonsten nicht ausreichend auf dem Leder haftet.

3

Einige Leder oder Kunstleder können bei der Vorbehandlung mit Aceton oder anderen Mitteln beschädigt werden. Teste die Widerstandsfähigkeit des Leders an einem kleinen Teil, um deine Sneakers nicht komplett zu ruinieren.

4

Lüfte den Raum gut, wenn du Aceton oder Finisher verwendest.

5

Sei geduldig. Es ist notwendig, mehrere Schichten Farbe aufzutragen. Und warte, bis eine Schicht gut getrocknet ist, bevor du eine neue aufträgst.

6

Die Farbschichten müssen sehr dünn sein, damit sich keine Risse bilden.

7

Gib immer nur eine kleine Menge Farbe auf deine Palette und schließe sofort das Farbglas, damit die Farbe nicht austrocknet.

8

Reinige deine Pinsel beim Arbeiten regelmäßig mit Seife und klarem Wasser, um eine lange Lebensdauer zu gewährleisten.

9

Wenn du ein Paar Sneakers als Geschenk bemalst, achte beim Einkauf auf die Schuhgröße: Diese variiert je nach Marke und Modell.

10

Lackiere dein fertiges Kunstwerk immer mit Finisher, um es dauerhaft zu schützen – mit mehreren Schichten Flüssig-Finisher aus dem Glas oder mit einer Schicht Sprüh-Finisher.

NIKE
AIR

WELCOME BABY

Vorlagen Seite 76

Eine originelle Geschenkidee für die Geburt eines neuen Familienmitgliedes – und ein schönes Erinnerungsstück.

MATERIALIEN 1 Paar weiße Baby-Sneakers aus Leder • Watte • Aceton • Transparentpapier • Bleistift • Radiergummi • Lederfarbe in Grün, Rot, Schwarz und Grau • feiner Rundpinsel • Finisher in Sprühform (oder aus dem Glas, plus Flachpinsel)

ANLEITUNG Übertrage die Motive mithilfe der Vorlagen, indem du Schritt für Schritt den Anleitungen auf Seite 36 folgst. Male dann die Motive sorgfältig mit Farbe auf, wobei du der Grundanleitung zum Malen auf Leder auf Seite 33 folgst. Male auf den rechten Schuh den Vornamen des Babys und auf den linken das Geburtsdatum.

TIPP Nutze den Free Font »Hello Pirates« (lade ihn kostenlos auf zertifizierten Webseiten herunter) oder eine andere Schriftart am Computer – oder schreibe den Text von Hand. In letzterem Fall kannst du mit Klebeband Markierungslinien aufkleben, um sicherzustellen, dass der Schriftzug ebenmäßig und gerade sitzt.

ZEICHENTRICK-HELDEN

Die Traumschuhe der Kleinen!
Entwirf ein Modell mit den Lieblingsfarben und den liebsten Zeichentrickmotiven des jeweiligen Kindes.

MATERIALIEN 1 Paar weiße Kinder-Sneakers aus Leder · Watte · Aceton · Lederfarbe in Hellblau, Türkis, Weiß, Rosa und Rot (Modell links) oder in Magenta, Dunkelblau, Gelb und Orange (Modell rechts) · feiner Rundpinsel · Flachpinsel (zum Auffüllen der Flächen) · Finisher in Sprühform (oder aus dem Glas, plus Flachpinsel)

ANLEITUNG Nachdem du die Schnürsenkel entfernt hast, bemale das Obermaterial, den Schnürsenkelraum, die Fersenkappe und das Logo der Schuhe, indem du Schritt für Schritt der Grundanleitung zum Malen auf Leder auf Seite 33 folgst. Viel Spaß beim Aufgreifen der Farbcodes und Motive aus der Welt der Zeichentrickfiguren!

JUST MARRIED

Sneakers für die Flitterwochen! Gestalte mit deinem Design das, was dir am Herzen liegt: das Datum der Feier, die Motive der Hochzeit, die Initialen des Paares ... für Schuhe, die eine Geschichte erzählen.

Variante

MATERIALIEN 1 Paar Sneakers aus weißem Leder · Aceton · Watte · feiner Rundpinsel · Transparentpapier · Bleistift · Radiergummi · Lederfarbe in Grün, Rosa und Schwarz · Finisher in Sprühform (oder aus dem Glas, plus Flachpinsel)

ANLEITUNG Übertrage die Motive und Schriften, indem du Schritt für Schritt den Erklärungen auf Seite 36 folgst. Dann male sie sorgfältig auf, wobei du der Grundanleitung zum Malen auf Leder auf Seite 33 folgst.

TIPP Für ein bisschen mehr Glamour klebe ein paar Strasssteine auf (Seite 39) und ersetze die traditionellen Schnürsenkel durch eine Satin-Variante.

Vorlagen Seite 75

HAB DICH LIEB

Feiere deine Verbundenheit und Liebe mit Sneakers. Eine nette Botschaft, ein paar hübsche Herzen und schon passt die Sache!

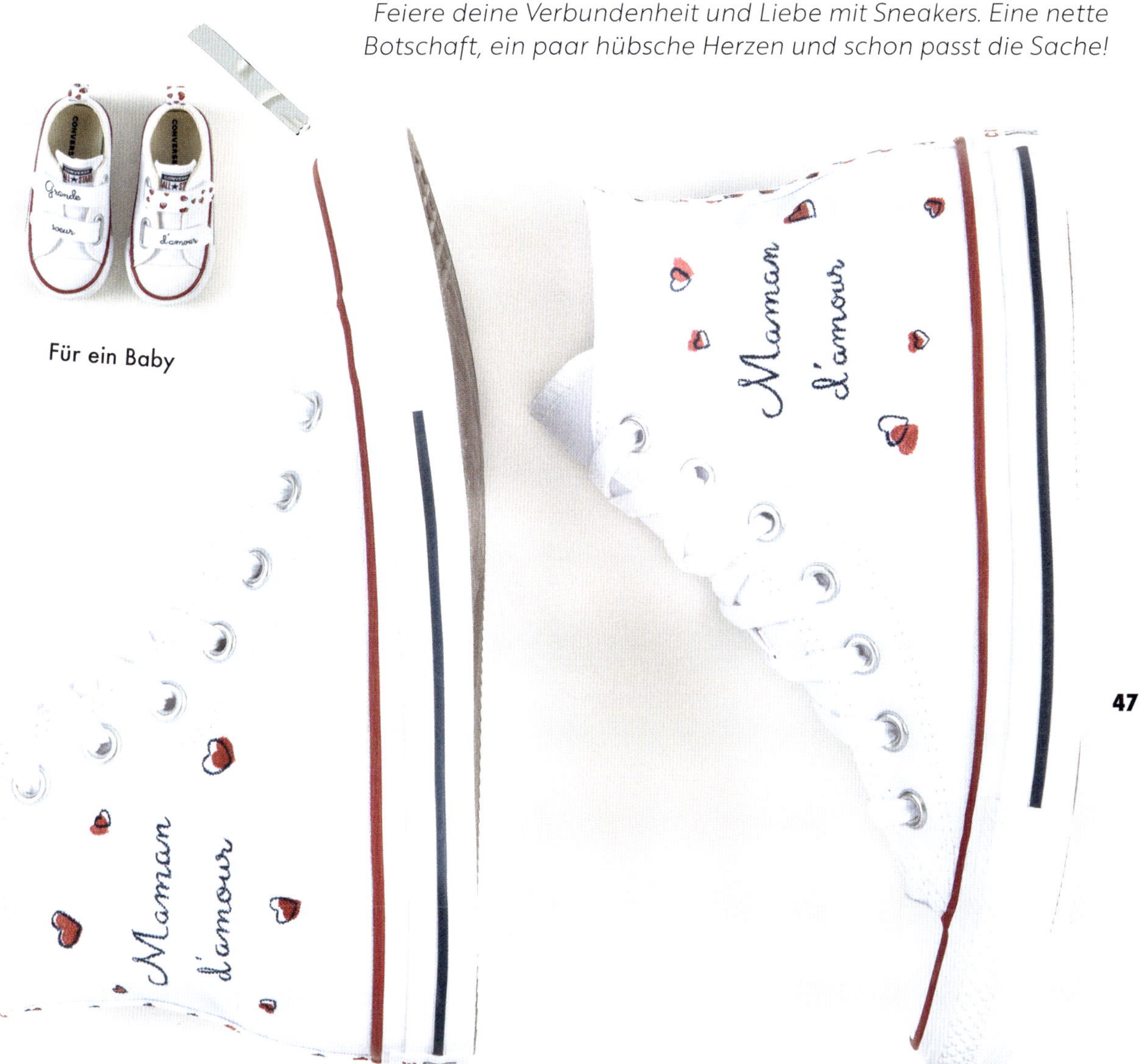

Für ein Baby

MATERIALIEN 1 Paar normale oder High-Top-Sneakers aus weißem Stoff • Transparentpapier • Bleistift • Radiergummi • Textilfarbe in Rot und Schwarz • feiner Rundpinsel • Föhn

ANLEITUNG Übertrage die Herzen und Texte, indem du Schritt für Schritt den Erklärungen auf Seite 36 folgst, dann folge der Grundanleitung für das Malen auf Stoff auf Seite 34. Zuletzt fixiere die Textilfarben mit dem Föhn gemäß Herstellerangaben.

TROPFEN-LOOK

Ein toller Tropfen-Effekt, den man unendlich abwandeln kann: Farbe, Tropfengröße, Schatten und Farbverläufe ... Verschiedene Varianten sind bei diesem Projekt möglich.

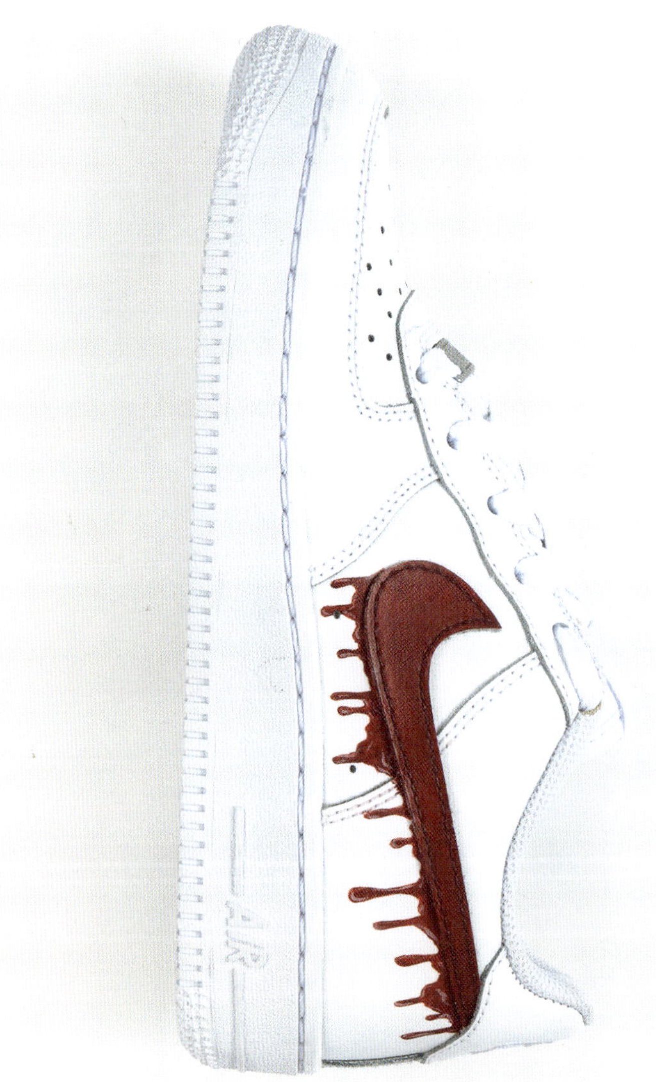

MATERIALIEN 1 Paar Sneakers aus weißem Leder • Aceton • Watte • Lederfarbe in Rot • feiner Rundpinsel • Finisher in Sprühform (oder aus dem Glas, plus Flachpinsel)

ANLEITUNG Male das Logo des Schuhs sorgfältig aus, indem du Schritt für Schritt der Grundanleitung zum Malen auf Leder auf Seite 33 folgst. Male anschließend behutsam einen Tropfenverlauf.

TIPP Du kannst kleine Pinselstriche mit hellerer Farbe in der Mitte der Tropfen auftragen, um einen realistischeren 3-D-Effekt zu erzielen. Schattiere die Seiten der Tropfen mit dunklerer Farbe, um den Effekt noch zu verstärken.

SCHWARZ-WEISS-CARTOON

Der Cartoon-Style ist ein beliebter Trend unter den Sneakers-Addicts. Er hat den Vorteil, dass er sehr einfach zu realisieren ist und eine beeindruckende Wirkung hat. Mit diesem Design wirst du nicht unbemerkt bleiben!

MATERIALIEN 1 Paar Sneakers aus weißem Leder • Aceton • Watte • Lederfarbe in Schwarz • feiner Rundpinsel • Wattestäbchen • Finisher in Sprühform (oder aus dem Glas, plus Flachpinsel)

ANLEITUNG Zeichne alle Umrisse (des Logos und der verschiedenen Schuhteile gemäß den Nähten) nach, wobei du Schritt für Schritt der Grundanleitung zum Malen auf Leder auf Seite 33 folgst. Um die Luftlöcher an der Oberseite des Schuhs schnell zu schwärzen, tauche den Stiel des Wattestäbchens in die Farbe und stecke ihn dann in die Löcher.

WIE DER VATER, SO DER SOHN

Zu diesem Modell hat mich ein Künstler inspiriert, den ich sehr mag: Ommys Customs. Du kannst das Design aber anpassen, indem du die Farben variierst, für ein stilvolles und perfekt abgestimmtes Vater-Sohn-Duo!

Für den Sohn

MATERIALIEN 1 Paar weiße Herren-Ledersneakers • Watte • Aceton • Lederfarbe in Rot, Rosa, Grün und Hellgrün • feiner Rundpinsel • Finisher in Sprühform (oder aus dem Glas, plus Flachpinsel)

ANLEITUNG Male sorgfältig einfarbige Flächen auf die verschiedenen Teile der Sneakers und folge dabei Schritt für Schritt der Grundanleitung zum Malen auf Leder auf Seite 33. Male dann darauf verschiedene Formen und Details in helleren Farben.

HOLZ-EFFEKT

Was gäbe es Besseres als einen Holz-Effekt, um deinen Schuhen ein elegantes und stylishes Aussehen zu verleihen? Das Design erfordert allerdings ein bisschen Geduld und Präzision.

MATERIALIEN 1 Paar Sneakers aus weißem Leder • Watte • Aceton • Lederfarbe in Schwarz, Dunkelbraun und Hellbraun • feiner Rundpinsel • alter Flachpinsel mit zum Teil verklebten Borsten • Finisher in Sprühform (oder aus dem Glas, plus Flachpinsel)

ANLEITUNG Male die Basis im hellsten Braunton der geplanten Holzmaserung auf das Oberleder sowie das Logo, wobei du Schritt für Schritt der Grundanleitung zum Malen auf Leder auf Seite 33 folgst. Lasse die Farbe trocknen. Um die Rillen der Holzmaserung zu imitieren, trage anschließend das dunklere Braun mit einem alten Flachpinsel mit abgenutzten Borsten auf, um mehr oder weniger weit auseinander liegende Striche zu ziehen, die immer in die gleiche Richtung verlaufen. Alternativ kannst du auch einen dünnen Rundpinsel verwenden – das dauert zwar länger, aber so kannst du vielfältigere Linien malen. Lasse dich von einem Foto eines Holzes, das dir gefällt, inspirieren.

POP-ART

Vorlagen Seite 76

Bringe mit diesem bunten Design Fröhlichkeit und Farbe an deine Füße.

MATERIALIEN 1 Paar Sneakers aus weißem Leder • Watte • Aceton • Lederfarbe in Marineblau, Rosa, Grün und Gelb • Flachpinsel • feiner Rundpinsel • wieder ablösbares Klebeband • Finisher in Sprühform (oder aus dem Glas, plus Flachpinsel)

ANLEITUNG Bemale die Seiten und das Logo, wobei du Schritt für Schritt der Grundanleitung zum Malen auf Leder auf Seite 33 folgst. Lasse dich von den Vorlagen auf Seite 76 inspirieren, um das gewünschte Design zu erstellen. Viel Spaß beim Zeichnen von Freihandformen, kleinen Punkten, geraden Linien ... alles in poppigen und leuchtenden Farben!

TIPP Verwende Klebeband, um die Sohlen zu schützen, aber auch, um sicherzustellen, dass du akkurate Farbkanten malst.

Vorlagen Seite 76

SWEET SUMMER

Die sanften Pastellfarben und die Reihe von Palmen machen dieses Paar zu DEN Sneakers für den Sommer.

MATERIALIEN 1 Paar Sneakers aus weißem Leder • Watte •Aceton • wieder ablösbares Klebeband • Transparentpapier • Bleistift • Radiergummi • Lederfarbe in Rosa, Gelb, Blau und Schwarz • Flachpinsel • feiner Rundpinsel • Finisher in Sprühform (oder aus dem Glas, plus Flachpinsel)

ANLEITUNG Stelle einen schönen Farbverlauf von Rosa über Gelb bis Blau her, wobei du Schritt für Schritt der Grundanleitung zum Malen auf Leder auf Seite 33 folgst. Trage zuerst das Rosa auf und befeuchte dann den Pinsel leicht, um die Farbe zu verdünnen, die mit dem Gelb in Berührung kommen wird. Trage dann das Gelb auf, wobei du etwas Platz zwischen den beiden Farben lässt. Feuchte den Pinsel leicht an und arbeite dich nach und nach zum Rosa vor, um die beiden Farben zu vermischen. Mache das Gleiche mit Blau und Gelb. Die Farben dürfen nicht getrocknet sein, damit du sie verdünnen kannst und einen fließenden, natürlichen Farbverlauf erhältst. Lasse dann die Farben trocknen. Übertrage nun die Motive, indem du Schritt für Schritt den Erklärungen auf Seite 36 folgst. Male sie gemäß der Grundanleitung zum Malen auf Leder auf Seite 33 auf.

URWALD

Als Abwechslung zum klassischen weißen Sneaker kannst du mit diesem Design ein Modell aus schwarzem Leder aufpeppen.

Version Bandana

MATERIALIEN 1 Paar Sneakers aus schwarzem Leder • Cutter • Pinzette • wieder ablösbares Klebeband • Stoff mit Urwald-Motiven (25 x 25 cm) • Textilkleber • Stoffschere • Imprägnierspray

ANLEITUNG Entferne gemäß den Erklärungen auf Seite 35 zur Hälfte die Logos. Klebe das Klebeband auf den Schuh und zeichne die Konturen nach, um das Schnittmuster zu markieren. Schneide das Stoffteil zweimal aus dem Stoff aus, wobei du dich am Schnittmuster orientierst. Schneide auf die gleiche Weise jeweils die Stoffstücke für das Vorderteil und die andere Seite der Schuhe aus. Klebe die Stoffstücke sorgfältig auf die Sneakers und lasse den Kleber trocknen. Klebe die Logos an ihre ursprüngliche Stelle. Schütze die Sneakers mit einem Imprägniermittel.

TIPP Mit derselben Stoff-Aufklebe-Technik (Seite 35) kannst du auch ein Paar Ledersneakers mit einer »Bandana« gestalten, die du an den Seiten aufklebst und deren Enden du oben zu Schleifen binden kannst.

MARMOR-LOOK

Eine lustige und einfach anzuwendende Technik die zu überraschenden und unerwarteten Ergebnissen führt.

MATERIALIEN 1 Paar Sneakers aus weißem Stoff • Textilfarbe in Blau, Grün und Violett • Rasierschaum • Alufolie • wasserfestes, aber wieder ablösbares Klebeband • Schutzhandschuhe

ANLEITUNG Folge Schritt für Schritt den Erklärungen auf Seite 38 und stelle auf jedem Schuh einen Marmorier-Effekt her.

TIPP Mit derselben Technik kannst du auch eine Leinentasche oder sogar ein T-Shirt einfärben und so höchst originelle Stücke kreieren. Lasse deiner Kreativität freien Lauf!

FARB-CARTOON

Dieses Design eignet sich für alle Farbkombinationen. Es liegt an dir, deine Lieblingstöne auszuwählen.

MATERIALIEN 1 Paar Sneakers aus weißem Leder · Watte · Aceton · Bleistift · Radiergummi · Lederfarbe in Blau, Hellblau, Grün, Grau, Beige, Schwarz und Gelb · feiner Rundpinsel (zum Malen der Konturen) · Flachpinsel (zum Ausmalen der Flächen) · Finisher in Sprühform (oder aus dem Glas, plus Flachpinsel)

ANLEITUNG Zeichne mit Bleistift die Umrisse des Designs auf dem Obermaterial nach. Schütze die Außensohlen, die nicht bemalt werden sollen, indem du den Erklärungen zum Abkleben auf Seite 37 folgst. Bemale die verschiedenen Teile mit dem Flachpinsel, wobei du die Nähte als Markierungen verwendest. Folge dabei Schritt für Schritt der Grundanleitung zum Malen auf Leder auf Seite 33.

Lasse die Farben trocknen und zeichne mit dem feinen Pinsel alle Nähte mit schwarzer Farbe nach, damit sich die Flächen besser voneinander absetzen.

GOLDSTÜCKE

Um auf einer Party zu glänzen oder ein Leuchten in einen tristen Tag zu bringen – diese Sneakers mit Glitzerfarbe erfüllen ihren Zweck!

MATERIALIEN 1 Paar Sneakers aus weißem Leder • Watte • Aceton • Transparentpapier • Bleistift • Radiergummi • wieder ablösbares Klebeband • Pearlescent-Lederfarbe in Rot, Blau und Schwarz plus Glitterlites-Lederfarbe in Gold (oder Glitzerpulver plus neutrale Lederfarbe) • feiner Rundpinsel • Glanz-Finisher in Sprühform

ANLEITUNG Übertrage das Design auf die Sneakers, indem du Schritt für Schritt den Erklärungen auf Seite 36 folgst. Male es dann sorgfältig auf, indem du der Grundanleitung zum Malen auf Leder auf Seite 33 folgst.

Falls du Glitzerpulver verwendest, mische Glitzerpulver unter die neutrale Lederfarbe und füge wie auf Seite 39 erklärt optional Glitzerpulver hinzu.

TIPP Um ein perfektes Ergebnis zu erzielen, bringe Klebeband an, um die zu bemalenden Bereiche abzugrenzen.

VERBUNDENHEIT

Vorlagen Seite 73

Erstelle ein ganz besonderes, liebevolles Design, mit dem du auf schlichte Weise die Verbindung zwischen dir und den Menschen, die dir wichtig sind, darstellst.

MATERIALIEN 1 Paar Sneakers aus weißem Leder · Watte · Aceton · Lederfarbe in Schwarz · feiner Rundpinsel · Transparentpapier · Bleistift · Radiergummi · Finisher in Sprühform (oder aus dem Glas, plus Flachpinsel)

ANLEITUNG Übertrage die Motive (gemäß den Vorlagen oder Designs, die du selbst mithilfe der Foto-Transfertechnik auf Seite 40 oder am Computer erstellt hast) auf die Schuhe und male sie dann sorgfältig auf, wobei du der Grundanleitung zum Malen auf Leder auf Seite 33 folgst.

FLATTERNDE FAHNE

Präsentiere stolz auf deinen Sneakers eine stylishe Flagge mit kulturellen Symbolen, die dir wichtig sind.

MATERIALIEN 1 Paar Sneakers aus weißem Leder · Watte · Aceton · Transparentpapier · Bleistift · Radiergummi · feiner Rundpinsel · Lederfarbe in Schwarz · Finisher in Sprühform (oder aus dem Glas, plus Flachpinsel)

ANLEITUNG Übertrage dein Motiv auf die Sneakers, indem du Schritt für Schritt den Erklärungen auf Seite 36 und/oder Seite 40 folgst, dann male sie sorgfältig auf, wobei du der Grundanleitung zum Malen auf Leder auf Seite 33 folgst.

TIPP Um der Flagge einen realistischen gewellten Flatter-Look zu geben, solltest du dir die Zeit nehmen, um die Wellentäler zu bestimmen, die im Schatten liegen und daher dunkler sind. Die hellen vorderen Bereiche wiederum solltest du mit etwas Weiß leicht aufhellen.

WITZIGE ICONS

Vorlagen Seite 73

Schmücke deine Füße mit kunterbunt verzierten Kunstwerken im Icon-Stil.

MATERIALIEN 1 Paar Sneakers aus weißem Leder • Watte • Aceton • Transparentpapier • Bleistift • Radiergummi • feiner Rundpinsel • Lederfarbe in Rot, Pink, Gelb, Ocker, Grün, Schwarz, Violett und Orange • Finisher in Sprühform (oder aus dem Glas, plus Flachpinsel)

ANLEITUNG Überlege in Ruhe, an welchen Stellen du Motive auf deine Schuhe malen möchtest, dann übertrage dein Design, indem du Schritt für Schritt den Erklärungen auf Seite 36 folgst.

Bemale die Schuhe dann sorgfältig, wobei du der Grundanleitung zum Malen auf Leder auf Seite 33 folgst.

Vorlagen Seite 77

GUTE REISE

*Hast du Lust, auf Reisen zu gehen?
Dann ist dieses Paar genau das Richtige für dich!*

MATERIALIEN 1 Paar Sneakers aus weißem Leder · Watte · Aceton · Transparentpapier · Bleistift · Radiergummi · feiner Rundpinsel · Lederfarbe in Schwarz, Rot und Grün · Finisher in Sprühform (oder aus dem Glas, plus Flachpinsel)

ANLEITUNG Übertrage die Motive, indem du Schritt für Schritt den Erklärungen auf Seite 36 folgst, dann male sie sorgfältig auf, indem du der Grundanleitung zum Malen auf Leder auf Seite 33 folgst. Das Malen der Konturen und Details erfordert Sorgfalt. Lasse dir Zeit und versuche nicht, zu schnell zu arbeiten.

PASTELL-TÖNE

Ein ultratrendiges Design, perfekt für die warmen Tage!

MATERIALIEN 1 Paar Sneakers aus weißem Leder • Watte • Aceton • wieder ablösbares Klebeband • Cutter • Flachpinsel • Lederfarbe in den Pastellfarben Rosa, Hellblau, Mintgrün, Gelb und Violett plus Weiß zum Aufhellen • Finisher in Sprühform (oder aus dem Glas, plus Flachpinsel)

ANLEITUNG Bemale die verschiedenen Bereiche der Schuhe in unterschiedlichen Pastellfarben und folge dabei Schritt für Schritt der Grundanleitung zum Malen auf Leder auf Seite 33.

TIPP Helle deine Farben so weit wie möglich auf, denn für ein streifenfreies Ergebnis musst du viele Schichten auftragen, wodurch die Farbwirkung dunkler wird. Verwende ein Klebeband, das du mit dem Cutter zurechtschneidest, um ein Überlaufen der Farbe zu verhindern. Ein flacher, abgeschrägter Pinsel erleichtert das Auftragen der Farbe in den Ecken.

Vorlagen Seite 74

NATUR PUR

Pflanzenmotive auf einem Hintergrund von Flächen in sanften Farben sorgen bei diesem Design für einen Look voller Leichtigkeit.

MATERIALIEN 1 Paar Sneakers aus weißem Leder · Watte · Aceton · Transparentpapier · Bleistift · Radiergummi · Flachpinsel · feiner Rundpinsel · Lederfarbe in Schwarz sowie in den Pastelltönen Rosa, Grün, Blau und Orange · Finisher in Sprühform (oder aus dem Glas, plus Flachpinsel)

ANLEITUNG Male zunächst die Farbflächen auf, wobei du Schritt für Schritt der Grundanleitung zum Malen auf Leder auf Seite 33 folgst.

Sobald die Farbflächen gut getrocknet sind, übertrage die Motive, wobei du Schritt für Schritt den Erklärungen auf Seite 36 folgst. Dann male sie sorgfältig auf.

80ER-JAHRE

Wer sich voller Nostalgie an die 1980er-Jahre erinnert, sollte sich für dieses farbenfrohe Modell entscheiden!

MATERIALIEN 1 Paar Sneakers aus weißem Leder • Watte • Aceton • Transparentpapier • Bleistift • Radiergummi • feiner Rundpinsel • Lederfarbe in Pink, Hellblau, Grün, Gelb und Schwarz • Finisher in Sprühform (oder aus dem Glas, plus Flachpinsel)

ANLEITUNG Skizziere und übertrage die Motive und male sie dann sorgfältig auf, wobei du der Grundanleitung zum Malen auf Leder auf Seite 33 folgst. Wenn du es dir zutraust, kannst du die Motive auch ohne Vorzeichnung aufmalen.

TIPP Wenn möglich, solltest du bei hellen Motiven möglichst keine Bleistiftzeichnung anbringen, da die Grafitspuren unter der Farbe sichtbar bleiben könnten. Wenn die Vorzeichnung unverzichtbar ist, denke daran, sie nach dem Auftragen der ersten Farbschicht so weit wie möglich wegzuradieren, damit sie nicht sichtbar ist.

SPRITZIGE SPRENKEL

Dieses Design ist sehr einfach herzustellen und sorgt für einen lustigen Sprenkel-Look. Je nachdem, welches Malwerkzeug du verwendest, kannst du unterschiedlich große Sprenkel erzeugen, um ein einzigartiges Paar zu kreieren!

MATERIALIEN 1 Paar Sneakers aus weißem Leder • Watte • Aceton • Abdeckplane oder Zeitungspapier • Zahnbürste • Spritzpinsel • Lederfarbe in Türkis, Silber-Metallic und Marineblau • Finisher in Sprühform (oder aus dem Glas, plus Flachpinsel)

ANLEITUNG Stelle die Schuhe auf die abgedeckte Arbeitsfläche. Tauche die Zahnbürste oder den Spritzpinsel in die jeweilige Farbe und besprenkele damit die Sneakers, wobei du den Erklärungen zur Tröpfchen-Technik auf Seite 37 und denen zur Ledermalerei auf Seite 33 folgst.

TIPP Arbeite wenn möglich im Freien oder decke den Arbeitsbereich sehr weitläufig und sorgfältig ab. Trage Kleidung, die schmutzig werden darf. Farbspritzer können weiter fliegen, als man denken würde!

ZEBRA, PANTHER UND CO

Betone deine animalische Seite, indem du Animal-Print-Motive mischst und der Sache mit peppigen Farben einen frischen Touch verleihst.

MATERIALIEN 1 Paar Sneakers aus weißem Leder • Watte • Aceton • Transparentpapier • Bleistift • Radiergummi • Flachpinsel • feiner Rundpinsel • Lederfarbe in Schwarz, Hellrosa, Dunkelrosa und Hellgrau • Finisher in Sprühform (oder aus dem Glas, plus Flachpinsel)

ANLEITUNG Übertrage deine Lieblings-Animal-Prints, wobei du Schritt für Schritt den Erklärungen auf Seite 36 folgst, und bemale die Schuhe gemäß der Grundanleitung zum Malen auf Leder auf Seite 33.

Vorlagen Seite 75

GIRL POWER

Schuhe als Symbol für Feminismus, Unabhängigkeit und Empowerment. Mit »Rosie the Riveter« und Lyrics aus dem berühmten Song von Beyoncé fühlst du dich zu allem bereit!

MATERIALIEN 1 Paar Sneakers aus weißem Leder · Watte · Aceton · Transparentpapier · Bleistift · Radiergummi · feiner Rundpinsel · Lederfarbe in Schwarz und Rot · Finisher in Sprühform (oder aus dem Glas, plus Flachpinsel)

ANLEITUNG Übertrage die Motive deiner Wahl, indem du Schritt für Schritt den Erklärungen auf Seite 36 folgst, dann male sie sorgfältig auf, wobei du der Grundanleitung zum Malen auf Leder auf Seite 33 folgst.

URBAN JUNGLE

Vorlagen Seite 75

Mit den Klettverschlüssen, die zu dem auf die Ferse gemalten Fell des Tieres passen, sorgst du für einen großen Auftritt in der Stadt.

MATERIALIEN 1 Paar Klett-Sneakers aus weißem Leder • Watte • Aceton • Transparentpapier • Bleistift • Radiergummi • Lederfarbe in Schwarz, Pink, Rot, Dunkelorange, Hellorange und Hellbraun plus Glitterlites-Lederfarbe in Gold (alternativ goldenes Glitzerpulver und neutrale Lederfarbe) • feiner Rundpinsel • Glanz-Finisher in Sprühform (oder aus dem Glas, plus Flachpinsel)

ANLEITUNG Übertrage die Motive, indem du Schritt für Schritt den Erklärungen auf Seite 36 folgst, und male sie dann auf, wobei du der Grundanleitung zum Malen auf Leder auf Seite 33 folgst. Trage die Glitterlites-Farbe (oder das Glitzerpulver) auf einem der Klettstreifen auf, wobei du den Erklärungen auf Seite 39 folgst.

Vorlagen Seite 74

BESCHWINGT DURCH DEN TAG

Das Rot der Liebe in Kombi mit buntem Glitzer verschönert jeden grauen Tag.

MATERIALIEN 1 Paar Klett-Sneakers aus weißem Leder • Watte • Aceton • Transparentpapier • Bleistift • Radiergummi • Lederfarbe in Rot und Metallic-Lederfarbe in Silber • feiner Rundpinsel • Glitterlites-Lederfarbe in mehrfarbig (alternativ mehrfarbiges Glitzerpulver und neutrale Lederfarbe) • Glanz-Finisher in Sprühform (oder aus dem Glas, plus Flachpinsel)

ANLEITUNG Übertrage die Motive, indem du Schritt für Schritt den Erklärungen auf Seite 36 folgst, dann male sie sorgfältig auf, indem du der Grundanleitung zum Malen auf Leder auf Seite 33 folgst. Bemale die Klettverschlüsse in Silber-Metallic und bringe dann die Glitterlites-Farbe (oder das Glitzerpulver) auf, wobei du den Erklärungen auf Seite 39 folgst.

HARMONISCHE ELEGANZ

Dieses raffinierte Design arbeitet mit Farbflächen, die zarte Akzente setzen.

MATERIALIEN 1 Paar Sneakers aus weißem Leder • Watte • Aceton • wieder ablösbares Klebeband • Flachpinsel • Lederfarbe in Lila, Rosa, Hellgrün und Gelborange • Finisher in Sprühform (oder aus dem Glas, plus Flachpinsel)

ANLEITUNG Bemale die verschiedenen Teile flächig mit dem Flachpinsel und nutze die Nähte als Markierungen, wobei du Schritt für Schritt der Grundanleitung zum Malen auf Leder auf Seite 33 folgst. Damit die Farbkanten akkurat gelingen und die Farbe nicht überläuft, solltest du bei jedem Farbwechsel die nicht bemalten Bereiche mit Klebeband abdecken.

Vorlagen Seite 77

KRAFT DER WORTE

Zeige deine rebellische Seite, indem du sie mit Worten ausdrückst. Verbreite deine Botschaft!

MATERIALIEN 1 Paar Sneakers aus weißem Leder • Watte • Aceton • Transparentpapier • Bleistift • Radiergummi • Lederfarbe in Schwarz und Rosa • feiner Rundpinsel • Finisher in Sprühform (oder aus dem Glas, plus Flachpinsel)

ANLEITUNG Übertrage die Motive, indem du Schritt für Schritt den Erklärungen auf Seite 36 folgst, dann male sie sorgfältig auf, wobei du der Grundanleitung zum Malen auf Leder auf Seite 33 folgst.

TIPP Du kannst deine eigenen Designs erstellen, indem du dir auf zertifizierten Free-Font-Webseiten eine Schriftart auswählst und damit am Computer arbeitest. Oder male die Worte deiner Wahl freihändig auf die Schuhe.

BLÄTTER UND BLÜTEN

Vorlagen Seite 73

Der Stoff der schwarzen Sneakers eignet sich hervorragend für florale Motive, denn die Farbabstufungen der Blätter und Blüten kommen besonders gut und leuchtend zur Geltung.

MATERIALIEN 1 Paar schwarze High-Top-Sneakers aus Stoff · Transparentpapier · Bleistift · Radiergummi · feiner Rundpinsel · Textilfarbe in Weiß, Grün und Rosa · Föhn

ANLEITUNG Übertrage die Muster, indem du Schritt für Schritt den Erklärungen auf Seite 36 folgst, dann male sie sorgfältig gemäß der Grundanleitung für das Malen auf Stoff auf Seite 34 auf.

TIPP Ein mit Bleistift auf Schwarz übertragenes Motiv ist nicht besonders deutlich zu erkennen. Es genügt, nur die Konturen des Motivs zu umreißen, um die Form dann mit weißer Farbe auszumalen. Übertrage dann die feineren Details auf die weiße Grundierung: So sind sie viel besser zu erkennen.

VORLAGEN

Verbundenheit (Seite 58)

Blätter und Blüten
(Seite 72)

Witzige Icons (Seite 60)

Beschwingt durch den Tag
(Seite 69)

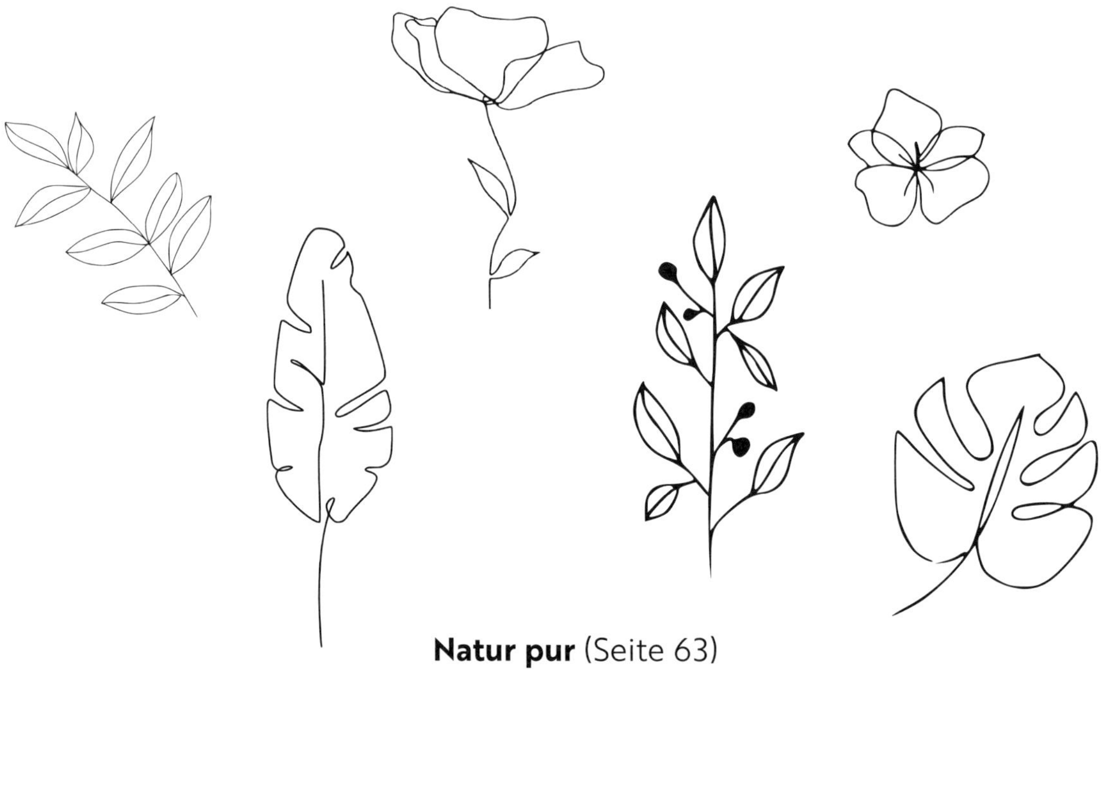

Natur pur (Seite 63)

WHO RUN
THE WORLD?
GIRLS

Girl Power
(Seite 67)

Grande sœur d'amour
Maman d'amour

Hab dich lieb (Seite 47)

Urban Jungle
(Seite 68)

Pop-Art
(Seite 52)

Sweet Summer (Seite 53)

Welcome Baby
(Seite 44)

Stay weird

Be bad until you're good

I don't care

be proud

Creativity takes courage

Badass

The future is female

Rebel

art is viral

take the risk

Kraft der Worte

(Seite 71)

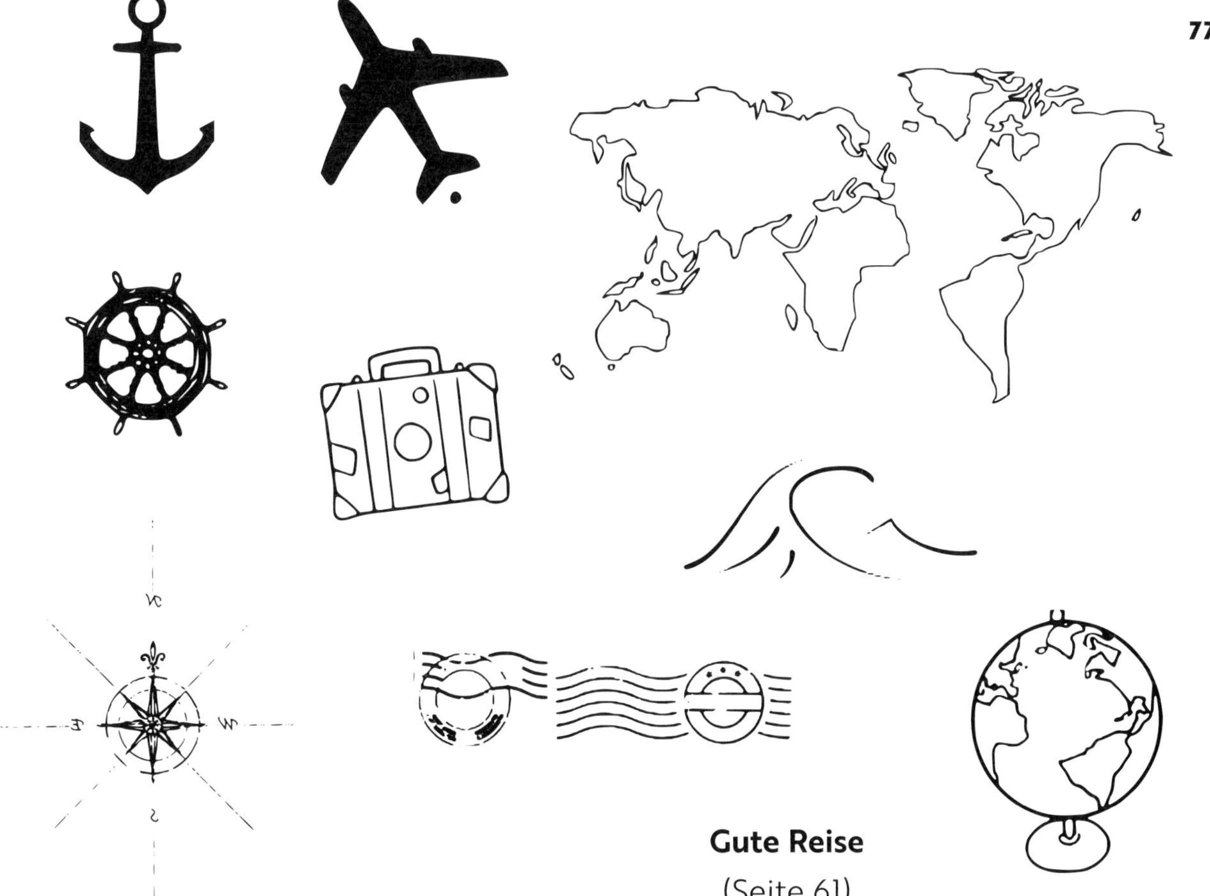

Gute Reise

(Seite 61)

TOMB
RAIDER
Pale Blue
Turquoise